AF582312

DE LA CULTURE DE LA VIGNE

Imprimatur.

Aquis-Sextiis, die 17ª Junii 1883.

† AUGUSTINUS, Archiep. Aquensis.

DE LA

CULTURE DE LA VIGNE

CHEZ LES ANCIENS

A PROPOS

DE LA RECONSTITUTION DE NOS VIGNOBLES

PAR

M. LE CHANOINE FIGUIÈRES

Professeur à la Faculté de Théologie

(Extrait de la *Revue Sextienne*)

AIX

ACHILLE MAKAIRE, IMPRIMEUR-LIBRAIRE

2, rue Thiers, 2

1883

Nullam, Vare, sacrâ vite prius severis arborem.
HORACE.

La reconstitution de la vigne dans les départements du midi doit être en ce moment la préoccupation principale de l'agriculture provençale. Le département des Bouches-du-Rhône en particulier renferme tant de terres légères ou non arrosables, que la vigne seule peut y donner un produit vraiment rémunérateur. Le blé, les céréales, l'olivier, l'amandier, donnent des récoltes ou trop coûteuses, ou trop aléatoires, ou insuffisantes. La production des fourrages, contrariée par la sécheresse est sans importance ou impossible. La vigne seule peut être, comme elle l'était par le passé, la récolte fondamentale des trois quarts de nos terrains. Aussi, depuis que le phylloxera, d'accord avec la sécheresse persistante, a détruit nos vignobles autrefois si florissants, une gêne énorme, et, en beaucoup de lieux, la misère est venue s'abattre sur la Provence. La disparition de la vigne, si elle était consommée, serait pour nous une ruine sans égale.

C'est ce que tout le monde comprend. De là les efforts tentés de tout côté, quoique peut-être avec trop peu d'ensemble et d'énergie, pour la reconstitution des vignobles.

Les difficultés sont grandes sans doute. L'incertitude où l'on est encore sur la vraie nature du phylloxera, l'hésitation bien naturelle sur le choix à faire entre les plants français ou les plants américains, ainsi qu'entre les diverses méthodes recommandées comme traitement préservatif ou curatif, les échecs nombreux éprouvés de toute part, la cherté de toutes les expériences à faire, des sécheresses désespérantes : tout cela arrête les timides, ou décourage les hardis.

Il semble cependant que du milieu de tâtonnements inévitables, en face des désastres de notre agriculture, l'opinion générale qui se dégage de la situation est celle-ci : « Ne restons pas « les bras croisés en face du fléau. Le temps passé à délibérer « et à se lamenter est un temps perdu. Mettons la main à l'œu- « vre. Essayons de tous les systèmes et de tous les plants. C'est « de l'expérience de chacun, qu'elle soit faite sur une grande « ou sur une petite échelle, que résultera le bien général ; en « un mot, passons de la période d'ahurissement où nous a je- « tés le fléau qui désole nos vignobles, à la période d'*action*, « en réagissant contre le mal par des plantations intelligen- « tes et persévérantes. »

Voilà, si je ne me trompe, la résolution qui commence à prévaloir parmi les agriculteurs grands et petits. Le courage revient peu à peu. Comme pour seconder nos efforts, voilà que les pluies nous sont rendues,que le phylloxera semble en baisse, que les plants étrangers commencent à se populariser, que les plantations de plants français reprennent vigueur ; en un mot que toute notre situation viticole semble entrer dans une phase de salut.

A ce propos, nous nous sommes rappelés avec le Sage qu'il n'y rien de nouveau sous le soleil, et que, en matière d'agriculture surtout, la tradition a une autorité infiniment respectable. C'est pourquoi, au moment où les tentatives faites pour ressusciter les vignobles font surgir de tout côté des méthodes nouvelles, ou prétendues telles, soit pour détrôner les vieux plauts par les plants américains, soit pour guérir ou préserver les vignes malades, il m'a paru intéressant de rechercher quels étaient les procédés de viticulture usités chez les anciens.

On peut dire que notre viticulture est en pleine révolution ; elle est au 89 de son histoire. L'ancien régime dont elle a vécu jusqu'ici, doit-il être décidément abandonné ? est-il responsable des fléaux actuels ? Les méthodes préconisées en ce moment comme nouvelles, le sont-elles en réalité ? Y a-t-il beaucoup à modifier à l'éducation de la vigne telle que l'entendaient nos pères ?

Ces questions peuvent n'être pas sans intérêt pour les personnes qui s'occupent d'agriculture. Il serait piquant de retrouver chez les agronomes d'il y a deux ou troix mille ans, la majeure partie des procédés recommandés aujourd'hui, et prônés comme des découvertes. En outre l'étude de l'agriculture et spécialement de la viticulture ancienne, faite avec intelligence, ne manque d'intérêt ni par l'histoire sacrée ou profane, ni pour la littérature.

A ce dernier point de vue surtout, on peut dire qu'elle est pleine de charme. Les livres saints, tant de l'ancien que du nouveau Testament, sont remplis d'allusions à la vigne et à sa culture chez les Hébreux. Les promesses de Dieu à son peuple comprennent toujours celle de lui octroyer des vignes fécondes, et ses menaces impliquent ordinairement la désolation de ses vignobles. Les analogies du peuple juif et de l'église chrétienne avec la vigne abondent dans les livres saints. Jésus-Christ lui-même se compare à cet arbuste précieux, qui a par conséquent, avec le cèdre et le figuier, une physionomie vraiment biblique, et une histoire que le lecteur de la Bible doit connaître.

Les Grecs et les Romains, c'est-à-dire toute l'antiquité lettrée et classique, nous ont laissé sur l'agriculture des ouvrages où la vigne tient la première place. Ces ouvrages qui sont comme les archives de l'agronomie antique, ont une valeur littéraire très remarquable. Quelques-uns, à ce point de vue même, sont des chefs-d'œuvre. Tous sont précieux et curieux à étudier. C'est une littérature toute spéciale qu'on ne connaît, à mon avis, pas assez, et qui devrait prendre une place dans nos écoles à côté des autres livres classiques. Pourquoi ne ferait-on pas, par exemple,une anthologie, où seraient représentés, par extraits choisis avec goût, les principaux agronomes grecs et latins ? Dans un temps où l'on s'occupe tant de *leçons de choses*, les *choses* de l'agriculture et de la viticulture ancienne auraient aussi leur utilité et leur intérêt.

Les agronomes grecs, dont les ouvrages autrefois très nombreux (1) sont perdus pour la plupart, nous présenteraient

(1) Varron en énumère plus de 50.

parmi les poètes, Hésiode et Homère, dans les poèmes desquels on pourrait recueillir bien des passages intéressants sur l'agriculture des anciens. Parmi les prosateurs, Théophraste (1), dans son *Histoire des plantes* et son traité des *plantations*, nous offrirait un enseignement complet sur la matière.

Avec l'agronomie latine, nous entendrions le vieux Caton, le Censeur (2), nous initier aux travaux de sa ferme, sise au pays des Sabins. Le docte Varron, le plus savant des Romains, nous expliquerait avec plus d'ordre que Caton (3), dans son livre *de agriculturâ*, les préceptes de l'agriculture romaine. Columelle (4) et Pline le Naturaliste (5) traiteraient le même sujet, dans la belle langue de Cicéron et de Virgile, le premier dans ses douze livres *de re rusticâ*, dont l'un écrit en gracieux hexamètres, l'autre dans son *Histoire Naturelle*, appelée l'encyclopédie de son siècle. Après et au-dessous d'eux, Palladius, auteur non sans grâce de la décadence, dans ses trois livres mêlés de vers et de prose, confirmerait les préceptes de la tradition agricole. Enfin par dessus tous ces auteurs, Virgile, dans ses immortelles *Georgiques*, nous apprendrait comment la poésie peut rendre dignes d'un consul les guérets, les bois et les vignes.

Tels sont les principaux auteurs qu'on pourrait appeler les classiques de l'agriculture.

En attendant qu'un homme de goût fasse de leurs ouvrages un extrait qui puisse être proposé aux études de nos futurs bacheliers, nous allons essayer nous-mêmes de leur demander quelques renseignements sur la viticulture, aux temps les plus reculés.

En étudiant la culture de la vigne chez les anciens et les rapports qu'elle peut avoir avec les besoins actuels de notre viticulture, la première observation à faire, c'est que notre situation viticole passe par une crise tout-à-fait inconnue des anciens.

(1) 350 avant J.-C.
(2) 234 av. J.-C.
(3) 116 av. J.-C.
(4) 42 de J.-C,
(5) 1er siècle de J.-C.

Parmi les descriptions qu'ils nous font des maladies de la vigne, aucune ne paraît s'appliquer au phylloxera. Nous n'avons rien trouvé dans leurs livres qui s'y rapporte avec évidence. La seule indication qui s'en rapproche, à notre connaissance du moins, est un passage de la Bible, qui semble viser ce terrible fléau, et dans lequel quelques interprètes fantaisistes ont cru le reconnaître. Il serait sans doute curieux de trouver le philloxera dans la Bible. Ce serait le cas de dire avec le fabuliste,

On ne s'attendait guère
A voir Moïse en cette affaire.

C'est probablement l'originalité de cette découverte, qui a porté à la signaler dans quelques journaux religieux, où nous croyons l'avoir lue.

Le texte dont il s'agit est le verset 39 du chapitre 28 du Deuteronome. Dans ce chapitre, qui est fort beau, Moïse, sur le point de mourir, annonce au peuple d'abord les biens dont le seigneur récompensera sa fidélité, et ensuite les maux dont il le punira, s'il viole la loi. Après avoir énuméré divers fléaux qui fondront sur lui dans ce dernier cas, le prophète ajoute :

Vous planterez une vigne, et vous la labourerez, mais vous n'en boirez pas le vin, et vous n'en recueillerez absolument rien, parce qu'elle sera dévastée par les vers (1).

Voilà bien le phylloxera, ont dit quelques lecteurs de la Bible, c'est bien lui. Moïse le désigne parfaitement sous le nom de *ver, vermibus*. C'est bien un ver en effet que ce petit animalcule imperceptible qui défie la sagesse de tous nos savants. Les effets de son action délétère sont parfaitement indiqués dans le texte. Le premier est de nous priver de vin, *vinum non bibes*. Chacun sait que les vignes phylloxérées n'en donnent plus du tout, et qu'il faut s'en procurer ailleurs.

Le second est de supprimer absolument tout produit de la vigne, *nec colliges ex ea quidpiam*. C'est ce qui arrive ,

(1) Vineam plantabis, et fodies ; et vinum non bibes, nec colliges ex eâ quidpiam, quoniam vastabitur vermibus. (Deut. 28 - 39).

puisque avec le vin et le raisin, la vigne malade nous refuse même le sarment, et que son bois se résout en pourriture.

Enfin le troisième effet est encore mieux caractérisé que les autres, *vastabitur*. Le vignoble sera dévasté, non-seulement dégradé, détérioré, mais *dévasté*. C'est bien là malheureusement l'aspect de tant de tant de campagnes autrefois vertes et florissantes, aujourd'hui dénudées, décharnées, misérables, comme si le feu du ciel ou de l'ennemi y avait passé.

Voilà ce qu'on lit dans le texte de Moïse ; et il faut convenir qu'avec un peu de bonne volonté, on peut bien voir là le *phylloxera*.

Pourquoi pas?

Pourquoi ce microscopique ennemi, qui a fait parmi nous une apparition si inattendue et si funeste, n'aurait-il pas existé trois ou quatre mille ans avant notre époque, et ne serait-il pas un revenant des temps passés ?

Assurément la chose n'est pas impossible. Cependant il y a lieu de mettre en quarantaine jusqu'à nouvel ordre, cette interprétation des livres saints, que peu de gens, il faut le dire, ont la bonne volonté de prendre au sérieux.

Je désire de tout mon cœur qu'il soit question là du phylloxera, ne serait-ce que pour la curiosité du fait. Mais d'abord, il est certain que, ni chez les Hébreux, ni chez aucun peuple de l'antiquité, l'histoire ne signale une dévastation de la vigne qu'on puisse considérer comme l'application de la menace du Deutéronome. Ensuite les termes du texte biblique sont si généraux, il y a tant de vers et de vermines, connus ou inconnus, qui peuvent dévaster nos champs, que rien n'autorise à admettre l'interprétation tout-à-fait risquée des partisans du phylloxera biblique, si tant est qu'il en existe en effet.

Ce qui paraît plus acceptable, c'est que le phylloxera étant, comme tant d'autres choses, un fléau aux ordres de Dieu, Moïse, sans le connaître, l'a compris parmi les autres châtiments dont le ciel peut punir les peuples coupables.

Au reste, quand la Bible aurait réellement voulu désigner le phylloxera par ces vers qui dévastent les vignes, nous n'en serions pas plus avancés. Car, en signalant le mal, le livre saint n'en indique pas le remède, sinon ces remèdes moraux, qui sont du domaine de la religion plutôt que de celui de l'agriculture, et auxquels malheureusement on ne recourt pas assez.

Il est donc constant que notre situation phylloxérique est sans précédent dans l'histoire de l'antiquité.

Aussi il ne faut pas s'étonner de ne trouver dans la viticulture ancienne rien de commun avec les procédés modernes employés contre le phylloxera. La lutte entreprise contre cet insecte inconnu des anciens, a fait imaginer des traitements qu'on ne soupçonnait pas, et dont l'emploi eut d'ailleurs dépassé les connaissances scientifiques de l'antiquité. Ainsi la curation des vignes malades par les carbonates, par le sulfure et en général par tous les ingrédients chimiques en vogue aujourd'hui, était tout-à-fait ignorée de gens qui ne savaient pas un mot de chimie. On ne trouve non plus chez les anciens nulle trace des plantations dans le sable, ou de la submersion prolongée. A plus forte raison n'est-il pas question chez eux de vignes américaines, à bois résistant. A tous ces points de vue, notre viticulture est absolument dans le neuf.

Je me permettrai seulement de relever quelques procédés anciens, qui ne me paraissent pas sans analogie avec les méthodes, ou plutôt les essais de la viticulture antiphylloxérique actuelle.

L'aspersion des jeunes ceps par la fleur de soufre, ou simplement par une poussière quelconque, réussit parfaitement contre l'oïdium, ce précurseur probable du phylloxera, et a été, comme tant d'autres choses, préconisée contre le phylloxera lui-même. Or ce poudrage de la vigne et du raisin avait lieu aussi chez les anciens (1).

L'emploi de l'huile grasse au pied des vignes malades est conseillé par Columelle (2). Celui du bitume, employé comme enduit sur le pied des souches préalablement décortiquées, était pratiqué chez les Hébreux (3). Or ce sont là justement des

(1) Théophraste, *de causâ plantandi*, liv. 3, ch. 22.

(2) Columelle, *de re rusticâ*, ch. XIV.

(3) Salvador, institutions de Moïse, t. 1 p. 254.

procédés préconisés en ce moment. Un industriel marseillais prétend guérir les vignes phylloxérées par des lotions d'une huile qu'il a baptisée, pour lui donner un nom, *huile mozambique* ; en outre le bitume joue,avec le goudron, un assez grand rôle parmi les panacées antiphylloxériques dont on nous parle.

Enfin l'emploi même de vignes analogues aux ceps américains, a peut-être été soupçonné par les anciens. En effet, ce qui distingue des notres ces ceps étrangers, et constitue leur résistance plus ou moins absolue à la morsure du phylloxera, c'est surtout la dureté du bois. Or les anciens distinguaient trois catégories de vigne : la vigne à bois *dur, solida* ; la vigne à bois *tendre, laxa* ; et la vigne *moyenne, media* (1). La vigne à bois dur était regardée par eux comme ayant une constitution plus rustique que les autres. Aussi la réservait-on pour les terres sèches et difficiles.

En outre de la dureté du bois, la vigne *solida* des anciens présentait, comme caractère. le peu de développement de la moëlle, tandis que la moëlle des autres vignes était plus abondante. Or ces deux caractères, *la dureté du bois et la petitesse du rayon médullaire*, sont précisément des signes propres à la vigne américaine, particulièrement aux *æstivalis*, si recherchés parmi nous (2).

D'après cela, la vigne *solida* des anciens ne serait-elle pas l'arrière-grand'mère, ou, par voie de croisements successifs, l'arrière-grand'tante de nos ceps américains, et ne reviendrait-elle pas, sous d'autres noms et d'autres variétés, au vieux continent dont elle serait originaire?

Quoiqu'il en soit de ce rapprochement et de ces hypothèses, ce n'est pas dans notre lutte contre le phylloxera que nous pouvons demander aux anciens des conseils ou des exemples. Mais cette lutte ne sera que transitoire. De deux choses l'une : ou nos vieilles vignes reprendront la vie, ou elles seront remplacées par des espèces étrangères. Dans les deux cas, il faudra toujours revenir à l'ancienne viticulture, et par conséquent aux

(1) Théophraste, *de causâ plantandi*. (liv. 3, ch. xi.)

(2) Voir à ce sujet Mme la duchesse pe Fitz-James. *Grande culture*, p. 73.

vieux procédés sanctionnés par l'expérience des siècles. C'est dans cet ordre d'idées, surtout qu'il peut être bon de savoir ce que faisaient les anciens, je veux dire les viticulteurs d'il y a deux ou trois mille ans. Ouvrons donc leurs livres, intéressants, nous l'avons dit, sous tant de rapports, et essayons d'y glaner quelques détails curieux ou utiles, ou même curieux et utiles à la fois.

Les observations relatives à la vigne se rapportent au choix du terrain, — à la plantation, — à la taille, — à la tenue du vignoble, —au revenu qu'on peut en retirer, aux raisins et au vin, — enfin à quelques détails qu'on pourrait qualifier de curiosités ou fantaisies viticoles.

Voyons, à tous ces points de vue, ce qui peut nous intéresser dans les préceptes de la viticulture ancienne.

I.

En ce qui regarde le choix des terrains propres à la vigne, les préceptes des anciens diffèrent peu, ou même point du tout, de ceux de l'agronomie moderne. Je trouve d'abord dans Columelle, la réfutation du préjugé accueilli aujourd'hui par certaines gens, que notre terre épuisée par l'action du temps et le travail des hommes, serait maintenant sous le poids de la vieillesse, et qu'il faudrait attribuer à cet état d'épuisement sénile les maladies de nos plantes et de nos récoltes. Columelle s'élève contre cette idée ; il prétend que la terre est toujours jeune, ou du moins qu'on peut toujours la rajeunir par une culture et une fumure intelligentes. Si donc, dit-il, nos champs répondent aujourd'hui moins largement à nos espérances, il ne faut en accuser que notre propre négligence (1).

Cela revient à l'axiome connu du bon Lafontaine :

> Travaillez, prenez de la peine ;
> C'est le fonds qui manque le moins.

(1) Columelle. *De re rusticá*. l. 2, 1.

Et aussi au proverbe provençal :

> L'i a jè dè marido terro ;
> L'i a que de marri mestre.

Après cette bonne parole à l'adresse des désespérés de l'agriculture, Columelle s'occupe du choix des terres qui doivent être consacrées à la vigne.Comme nous, il donne la préférence aux terres vierges, en friche; ou à celles qui n'ont pas été fatiguées par des plantations antécédentes. Les terrains graveleux mêlés de sable et d'argile, ni trop humides, ni trop secs, les côteaux surtout, lui paraissent préférables. Les plus redoutables sont ceux qui ont déjà porté de la vigne. Dans ce cas, il indique les moyens connus de les amender. Comme orientation, il préfère le midi et l'est, mais il n'exclut rien, pas même le nord pour les pays brûlants, comme l'Egypte et la Numidie.

Virgile, dans ses Georgiques, rejette l'exposition au couchant, mais ce précepte hasardé ne paraît pas avoir été suivi. En somme, Columelle et tous les anciens sont parfaitement d'accord avec nous, sur cette première partie des règles de la viticulture.

II.

Le choix des plants est extrêmement recommandé par eux ; et en cela nous les imitons, il faut nous en féliciter, beaucoup mieux que nos pères des derniers siècles, lesquels plantaient pêle et mêle dans un vignoble tout ce qui se rencontrait sous la main. Telle était du moins la coûtume en Provence, où l'on trouvait, avant l'invasion du phylloxera,tant de vieux vignobles, composés sans choix de toutes sortes de plants, dont beaucoup d'une qualité détestable.

Columelle, qu'on peut regarder comme le législateur de l'agronomie antique, se récrie beaucoup contre la négligence des propriétaires, qui confient le choix des ceps à mettre en terre à des hommes sans expérience, lesquels prennent au hasard, sur n'importe quelle souche, tout ce qu'ils rencontrent. Il attribue à cette déplorable méthode la stérilité d'une foule de vignobles.

Columelle enseigne donc, avec les viticulteurs modernes, que tous les sarments ne sont pas également bons pour la reproduction ; qu'il faut prendre les ceps non sur les branches à bois dites *pampinaria*, ou sur les *gourmands* qui sortent directement du tronc de l'arbre ; mais sur les fouets que l'on reconnaît avoir été fructifères. Encore, d'après lui, faut-il choisir, ni la flèche extrême de ces fouets, ni la partie la plus rapprochée du tronc, mais la partie centrale, celle que les paysans appellent *humerosa*, parce que c'est là que la sève se trouve disposée d'une manière plus uniforme, et plus propre à la fructification.

Vient ensuite le choix des vignes elles-mêmes. Là les préceptes ont pour objet d'approprier les variétés diverses au sol, au climat et au genre de produit que veut obtenir le propriétaire. C'est ce qui constitue, selon le style des viticulteurs modernes, l'*adaptation des plants*. Les préceptes des agriculteurs anciens à ce sujet sont aussi nombreux qu'excellents. Seulement ils ne peuvent être pour nous que d'un très-petit profit. La raison en est que ces préceptes, ayant pour fondement la diversité de leurs vignes, il faudrait, pour les apprécier, pouvoir connaître quelles étaient ces vignes, et surtout quel rapport elles ont avec les nôtres. Or c'est ce qui est absolument impossible.

Il est hors de doute que toutes les vignes du monde viennent d'un type primitif, qui est la souche commune. Mais les variétés dérivées de là sont si nombreuses, les noms qu'elles portent sont si infiniment multipliés, selon la diversité des temps et des lieux, qu'il faut renoncer à se retrouver dans ce dédale. Une classification complète des seules vignes françaises n'a jamais pu être achevée, quoique souvent entreprise. A plus forte raison faut-il renoncer à établir une concordance acceptable entre les vignes des anciens et les nôtres. Les agronomes de l'antiquité, reconnaissent déjà eux-mêmes l'impossibilité d'un classement rationnel de leurs vignes. Ils l'expliquent en disant que les mêmes ceps, qui changent de nom à mesure qu'ils changent de pays, se transforment en outre, et modifient leur nature en très peu de temps, en passant d'un sol dans un autre sol, d'un climat dans un autre climat, ou seulement par suite d'une culture différente.

Virgile dit avec son élégance ordinaire qu'il serait plus facile de compter les vagues de l'océan, ou les sables des déserts, que les vignes et les vins qu'elles produisent :

On compterait plutôt sur les mers courroucées,
Les vagues vers les bords par l'Aquilon poussées ;
On compterait plutôt dans les brûlants déserts
Les sables que les vents emportent dans les airs (1).

Il faut donc renoncer à tirer grand profit des préceptes des anciens sur le choix des plants. Seulement, à titre de curiosité, il ne sera pas sans intérêt de faire connaître quelques-uns des plants préconisés par eux. Je vais le faire en signalant, selon le dire de divers commentateurs, leur rapport probable ou seulement *problématique* avec quelques-uns de nos ceps.

La nomenclature des vignes anciennes nous est donnée surtout par Columelle et Pline le Naturaliste, spécialement par ce dernier (2).

Ces auteurs signalent entr'autres la vigne *ammineénne* (3), vigne forte, à gros grain, faisant un vin corsé et de conserve, probablement la même appelée par les Grecs *orthampelos*, ou vigne à tige droite. Ces caractères semblent convenir à notre *mourvède*, vigne fondamentale de nos anciens vignobles, comme l'ammineénne l'était des vignobles de l'antiquité.

— La *nomentane*, à bois rouge, peut être la variété rouge de notre Roussillon ou grenache.

— Les *apianes*, raisin doux, précoce, recherché des abeilles (apis), probablement nos raisins muscats.

— Les *bubastes, bous mastos*, mamelle de vache, équivalents à notre grosse panse, ou au gros Guillaume.

(1) *Georgiques*, liv. 3, traduction de Delille.

(2) Columelle, *De re rusticâ*, liv. 3, VII, etc. — Pline, *Hist. nat.*, liv. XIV-XV.

(3) D'Ammineum, ville de la Campani.

— Le *duracin*, grain dur, très gros, analogue à notre *martinenq*.

— La vigne *oleagina*, à forme d'olive, où il est difficile de ne pas reconnaître notre oliverette.

— La vitis *picina*, vigne à poix, très probablement notre teinturier.

— La vitis *cinerea*, vigne cendrée, *brune* : pourquoi pas notre *brun fourca* ?

— La *columbina*, qui peut bien être le *Columbaou* de nos vieux vignobles.

— La vigne *inerticula*, vigne dont le vin est inoffensif..... prouvez que ce n'est pas celle qui produit le vin de Bordeaux.

— La vigne *forensis*. Le P. Hardouin, qui a traduit l'Histoire Naturelle de Pline et qui s'est amusé à faire entre les anciennes vignes et les modernes, le rapprochement dont nous donnons ici un échantillon, croit retrouver dans la vitis *forensis*, le *foirard*, notre *esfouïraïre*, vigne à vertu laxative, connue. Le traducteur de Pline dans la collection Panckouke, se moque de cette interprétation du bon père. Nos lecteurs en prendront ce qu'ils voudront.

Voilà quelques-unes, entre mille, des vignes signalées par les anciens.

III.

Passons à leurs préceptes sur la plantation.

Leurs procédés à cet égard différaient peu des nôtres, et plusieurs se rapprochent singulièrement des indications données par les viticulteurs les plus récents, à l'encontre des pratiques de nos pères.

La plantation se faisait de préférence sur un terrain totalement défoncé au *pastinum*, instrument à deux dents, analogue à notre béchard ou *lichet à dents*. Quelquefois on se contentait de creuser des sillons continus. D'autrefois, c'était la pire des méthodes, on faisait des fosses carrées, dans les coins desquelles les ceps étaient placés.

La profondeur de ces défoncements est portée par Columelle à trois pieds, soit à peu près un mètre ; mais on se contentait très-souvent de moins. Columelle soutient même la thèse défendue par Mme de Fitz-James, à savoir que la vigne n'a pas besoin d'avoir sous ses racines beaucoup de terre ameublie, et qu'elle aime à se rapprocher du sol ferme, comme pour s'y cramponner (1). Quant à la profondeur à donner au cep, planté ordinairement à la cheville ou fourchette, Columelle recommande de ne pas le placer trop bas. Deux pieds ou deux pieds et demi en terrain sec, beaucoup moins en terrain plat et humide. Une profondeur plus grande est rigoureusement proscrite comme cause d'infécondité, sauf le cas des vignes arborées, dont il sera question plus bas. Celles-ci, ayant à se développer beaucoup en bois, devaient être plantées plus profondément pour pouvoir allonger davantage leurs racines.

Ce précepte de Columelle, sur la nécessité de ne pas trop enfoncer le cep en terre, confirme parfaitement les enseignements des auteurs modernes, et condamne une fois de plus la pratique de nos paysans, qui croient tout perdu, quand ils n'enfoncent pas le cep à des profondeurs phénoménales. Il en est de même du précepte de supprimer, en plantant, le vieux bois qui pourrit en terre sans profit pour le plant ; et aussi de planter droit le mailleton sans le recourber. Tous les anciens sont de cet avis, d'accord en cela avec les viticulteurs modernes.

Les anciens et les modernes s'accordent également sur la convenance de faire, si c'est possible, le défoncement quelque temps avant la plantation, et de mettre entre les ceps le plus d'espace possible (2). La plantation par plants enracinés est aussi conseillée comme plus sûre, sans être cependant de rigueur.

A ce sujet, les anciens pratiquaient beaucoup les pépinières de vignes, ou vinières. Ils donnent de nombreux détails sur la manière de les établir. Columelle se vante même de retirer

(1) Columelle, liv. 4 4.

(2) Columelle, *De arboribus*, liv. 4.

un produit très lucratif de la vente des plants enracinés, que les paysans, dit-il, lui payaient fort cher (1). N'est-ce pas le commerce si en vogue en ce moment auquel se livrent nos marchands de vignes américaines? Il faut toujours le redire : il n'y a rien de nouveau sous le soleil.

Quant à la disposition des plants sur le terrain à complanter, elle dépendait de la destination que l'on voulait donner aux vignes, en les élevant soit sur arbres, soit sur joug, soit sur elles-mêmes. Nous allons dire un mot tout-à-l'heure de tout cela, à propos de la taille. Mais, dans tous les cas, cette disposition affectait principalement deux formes : la disposition par allées de vignes parallèles, encadrant des espaces mitoyens plus ou moins considérables, et la disposition en quinconces réguliers (2).

La première méthode, qui est celle de nos oulières provençales, avait ses partisans et quelquefois était imposée par la nature des lieux. Je ne vois pas discutée la question des rangées à un rang ou à plusieurs. L'espace laissé vide entre les rangs était plus ou moins large, selon la composition des terrains, et la culture à la main ou au labour, qu'on lui destinait. Les oulières avaient comme chez nous 1 m. 25 ; 1 m. 50 ; 2 m. 50 au plus, de largeur. C'étaient les oulières étroites, dans lesquelles on s'interdisait toute culture intercalée. Cette exclusion était de conseil partout; elle était de précepte rigoureux chez les Hébreux (3), dont le Code rural, si curieux à étudier, proscrivait absolument les semences faites dans les vignes : méthode préconisée par tous les modernes.

(1) Columelle, *De re rusticâ*, liv. 3, 3.
Parmi les procedés indiqués par Columelle pour avoir bientôt des mailletons racinés, il faut remarquer la méthode très pratiquée par lui de les obtenir par le marcottage des vieilles vignes. C'est la méthode connue de nos paysans sous le nom de *barba su pè*.

(2) Columelle, *De re rusticâ*, lil. 3, 13.

(3) Deutéronome, 22, 9.

Cependant les anciens avaient aussi de larges oulières de 10 ou 12 mètres par exemplle, dans lesquelles ils admettaient les céréales ou les légumes. Théophraste regarde même ces plantes intercalées comme nécessaires pour réprimer la fougue des vignes trop vigoureuses (1).

On voit donc que les anciens, tout en louant le système des vignobles séparés de tout autre culture, n'étaient pas cependant exclusifs de notre système provençal à semences intercalées. En effet, que celui qui a de grandes terres uniquement propres aux vignes, les y cantonne rigoureusement, rien de mieux. Mais pourquoi le petit propriétaire s'interdirait-il l'autre méthode, quand il est si facile, avec quelques précautions, d'atténuer les effets fâcheux des récoltes intercalées, et qu'on peut, par ce moyen, procurer aux cordons de vignes largement espacés, des labours et des fumures faciles ?

La plantation par oulières était cependant beaucoup moins fréquente chez les anciens que celle par quinconces réguliers. En Italie, cette dernière disposition était presque la seule adope,té et elle y était poussée à un état de perfection vraiment admirable.

Nous allons décrire les procédés adoptés à ce sujet, après avoir dit un mot des principes admis relativement à la taille de la vigne.

IV.

Les anciens pensaient que cet arbuste a besoin normalement de se développer beaucoup en bois. Ils admettaient la vigne tenue basse et courte comme dans nos campagnes provençales, mais seulement à titre d'exception, et pour des variétés spéciales. Leur idéal était de laisser à la vigne autant d'ampleur que possible. Aussi la regardaient-ils généralement comme un

(1) Théophraste, *De causâ plantandi*, ch. 16.

arbre. Pline (1) et Théophraste le disent en propres termes. Columelle dit que la vigne est intermédiaire entre l'arbre et l'arbuste.

A l'appui de cette théorie, on peut citer plusieurs faits curieux. Dans la Genèse, pour marquer la fertilité de la Palestine, il est dit que Juda attachera son ânesse à la vigne (2); ce qui suppose des vignes assez hautes pour que leurs fruits et leurs feuilles fussent à l'abri des dents de l'animal. Tout le monde connaît la fameuse grappe de raisin apportée avec son cep à Moïse, par les explorateurs qui la soutenaient sur leurs épaules, suspendue à un levier (3). La formule biblique pour représenter le bonheur domestique des Hébreux, nous les dépeint assis sous leur vigne et sous leur figuier. Cela désigne des vignes à grande dimension. Les voyageurs modernes en retrouvent de pareilles dans tout l'Orient. Schulz (4) a rencontré sur le versant méridional du Liban, un cep mesurant trente pieds de haut. Belon (5) évalue à quatre pieds de haut la moyenne des ceps ordininaires de la Cœlé-Syrie.

C'est d'ailleurs une chose connue que la vigne laissée à elle-même peut atteindre des proportions étonnantes. Strabon (6) dit qu'on voyait dans la Margiane des ceps de vigne dont deux hommes pouvaient à peine embrasser la tige. Pline parle de ceps uniques entourant de leur développement tous les bâtimens d'une métairie. Il signale des grappes de raisin plus grandes que de jeunes enfants (7). Quoi d'étonnant, puisqu'on rencontre encore en plusieurs lieux, en Afrique, par exemple, des ceps qui traversent des fleuves (8). Rien n'est plus curieux en

(1) Pline, liv. 14, 2. — Théophraste, liv. 1. 5.

(2) Genèse, 49, 11.

(3) Nombres, ch. 13, 24.

(4) Larousse, art. Vigne.

(5) Id.

(6) Id.

(7) Pline, *hist. nat.* liv. 14.

(8) Larousse.

ce genre que la fameuse treille de *Hampton-Court* près de Londres. Elle occupe une serre entière, et, dans les bonnes années, rapporte jusqu'à 4,000 grappes de raisin. Le roi Georges III en donna un jour à ses comédiens cent douzaines de grappes, et le jardinier déclara qu'on pourrait en recueillir encore autant, sans dépouiller la treille (1).

Citons encore les ouvrages curieux faits en bois de vigne, tels que les tables des châteaux de Versailles et d'Ecouen, formées d'une seule planche de ce bois ; et les portes de la cathédrale de Ravenne, dont les planches ont plus de quatre mètres de hauteur, et six à sept centimètres d'épaisseur (2).

Il est donc admis que la vigne aime à se développer en bois. Si quelques espèces s'accommodent d'un régime contraire, le plus grand nombre proteste contre un rabougrissement systématique qui contredit leur nature.

Les Anciens, en Italie surtout, traitaient la vigne d'après cette théorie. Ce n'est pas qu'il n'y eut chez eux d'exemple de vignobles tenus bas comme les nôtres. Cette méthode, suivie quelquefois dans les provinces, était probablement plus simple, plus commode et moins dispendieuse. Columelle, qui avait ses vignobles en Espagne, la décrit au chapitre 5 de son 5e livre. Elle consistait à laisser à la vigne trois ou quatre bras, armés d'un ou deux porteurs (pourtadou), absolument comme nous le faisons ici. Columelle indique aussi une méthode consistant à laisser à chaque souche une tige droite, sans bras latéraux, les porteurs sortant immédiatement du tronc de la souche. Il regarde cette forme comme plus commode pour le labour à faire par les bœufs.

Une autre manière adoptée aussi quelquefois était celle des vignes trainantes. On les maintenait tout-à-fait rez-terre, ce qui me paraît être la pire des méthodes. Théophraste prétend, il est vrai, que le raisin trouvait ainsi sa nourriture dans le sol même. Mais il est évident qu'il devait y trouver bien plutôt la

(1) Pline le Nat. Collection Panckouke. Notes t. 9, p. 283.

(2) Idem et Larousse.

pourriture et des animaux sans nombre pour le dévorer. Plus souvent on soutenait sur de petites fourches les tiges traînantes, plus ou moins allongées. Ce procédé est encore usité, je crois, dans quelques parties de la France, mais il doit avoir aussi ses inconvénients.

A part ces quelques cas de vignes basses, la méthode générale était, je le répète, de tenir les vignobles hauts en bois.

Voici comment on procédait, principalement en Italie.

Les terrains consacrés aux vignobles étaient divisés avec une régularité parfaite. Du levant au couchant de la terre à complanter s'étendait un chemin assez large pour que deux charrettes y pussent passer de front (1). C'était le *decumanus*, artère principale du vignoble. Des allées moins larges, nommées *cardo*, le coupaient perpendiculairement du nord au midi, laissant entre elles de grands carrés appelés *jardins*, de la contenance d'un *jugerum*, ou d'un *demi-jugerum*. Le jugerum valait en nombre rond 25 ares; c'était par conséquent le quart de l'hectare.

Ces divisions, très-uniformément maintenues, donnaient au vignoble une régularité parfaite. Elles avaient en outre plusieurs avantages, comme de favoriser la circulation au moment des travaux et des vendanges; — de permettre au propriétaire le calcul exact des journées de travail à faire par les ouvriers; d'ouvrir le vignoble au soleil et au vent, surtout de faciliter le classement des ceps par variétés, en consacrant exclusivement à telles espèces, tels ou tels nombres de jugera. J'ignore comment les choses se passent en France dans les grands vignobles du Languedoc ou du Bordelais. Chez nous, où l'on s'efforce de reconstituer la vigne avec plus de soin qu'autrefois, on pourra peut-être s'inspirer avec avantage de ce procédé de la viticulture romaine.

Le plan du vignoble ainsi tracé, on y plaçait les plants en quinconce régulier, par rangées plus ou moins espacées, selon

(1) Cinq mètres environ.

la nature du terrain, et le mode de palissage qu'on adoptait. Le laboureur pouvait ainsi croiser en tous sens ses labours, si la terre n'était pas cultivée à bras d'hommes.

Le palissage se faisait par *simple échalas*, par *joug*, ou au moyen d'*arbres*, qui servaient de tuteurs aux vignes.

Le palissage par échalas, ne différait pas de ce qui se pratique aujourd'hui dans le centre de la France, et dans une partie du midi. La vigne était élevée à un ou deux mètres de hauteur, sur un pal ou paissau isolé. Quelquefois ces vignes, reliées entre elles formaient des cordons. D'autrefois elles se contournaient en couronne ou en cercle autour d'un échalas (1). Tous ces systèmes sont connus. On peut les voir pratiqués chez nous, à la pépinière de notre arrondissement d'Aix, établie à la montée d'Avignon.

Ce palissage par échalas avait ses principes très minutieusement décrits par les agronomes anciens. Ils entrent là-dessus dans des détails infinis, lesquels ont surtout pour but de ménager la force des ceps, en ne pas les chargeant trop tôt, de balancer les branches à fruit par des branches à bois de remplacement, de palisser avec intelligence. L'*alligateur* était chargé spécialement du palissage ; le *putateur*, de la taille. Car ces fonctions étaient généralement réservées à des ouvriers spéciaux. Il en était de même des *frondateurs* chargés de l'épamprement des vignes et de la collection des fourrages; du *gallinarius*, préposé à toute la gent emplumée, et d'une foule d'autres esclaves, car tout ce monde-là était esclave, sous la direction d'un régisseur général nommé *Villicus*. On prenait aussi pour les travaux urgents ou délicats des ouvriers libres qui étaient, comme chez nous, payés à la journée.

Revenons à la taille des vignobles.

Après les vignes sur échalas, il faut signaler celles sur joug, *vineæ jugatæ*.

Les jougs se composaient de deux parties : les paisseaux ou

(1) On l'appelait alors vigne *Characatæ*.

pieux fixés en terre perpendiculairement, et les jougs proprement dits, consistant en perches passées en travers des pieux et attachées avec des liens.

La hauteur des jougs variait de 2 à 3 mètres, ainsi que les espacements. On disposait le tout de manière qu'un homme pût passer au-dessous, et une paire de bœufs au travers. Les perches transversales étaient en bois de saule, ou en roseaux (cannes) reliés bout à bout. On y suppléait quelquefois par des cordes tendues. Notre fil de fer eut bien mieux fait l'affaire. Les perches formaient la croix sur les paisseaux, de manière à constituer un échafaudage, qui recouvrait la terre dans tous les sens.

Cette charpente aérienne ainsi disposée, servait de support aux ceps plantés ordinairement au pied des paisseaux, et espacés plus ou moins les uns des autres, selon la nature du terrain et le genre de culture qu'on voulait donner.

Cet espacement entre les ceps était généralement considérable. Il variait de 2 à 6 mètres. Une fois arrivée sur un seul pied, par des allongements successifs, au sommet des paisseaux la vigne était taillée de manière à former quatre bras. Ces bras, étendus en forme de croix sur les quatre côtés du joug recouvraient bientôt tout le terrain d'un immense dôme de verdure. C'est ce qu'on appelait la vigne à quatre pans, ou *compluvium*, mot latin qui signifie *toiture*, parce qu'en effet le vignoble ressemblait assez à un immense toit de feuillage. Lorsque ce genre de culture avait lieu sur de grands espaces, l'effet d'ensemble devait avoir quelque chose à la fois de gracieux et d'imposant. C'était comme une treille gigantesque, ou mieux comme une espèce de forêt vierge, au milieu de laquelle le vigneron faisait ses cultures à bras, ou même ses labours, sous une voûte toujours fraîche d'ombre, de feuillage et de fruits.

Quant au produit de ces vignes, ainsi que des vignes arborées dont nous allons parler, il devait être considérable en quantité, mais il est à présumer que la qualité laissait à désirer. Tout le monde sait en effet que l'abondance du fruit est ordinairement en raison inverse de sa bonté. L'auteur de la

Maison rustique du XIXe siècle (1), traite ces vignes sur hautins de vignes *pitoyables*, dont le vin ne vaut rien. Le jugement est peut-être sévère. Cependant Columelle, qui s'y connaissait et avait tous les éléments pour apprécier convenablement les choses, met ces vignes sur joug ou sur arbres, bien au-dessous des autres; il ne les préfère qu'aux vignes trainantes, qui sont, dit-il, celles de pire condition.

D'après lui, les meilleures vignes sont celles qui, semblables à de petits arbrisseaux, ont la jambe courte et se tiennent toutes seules et sans appui. C'est évidemment notre système provençal, qu'il sera bon de conserver, en allongeant un peu la taille. En second lieu, Columelle place celles élevées sur un seul échalas séparé ; et, en troisième catégorie, les vignes arrondies en cercle autour d'un ou de plusieurs échalas. On voit par là que cet illustre agronome était partisan de la taille longue, mais à condition qu'elle ne fut pas exagérée (2).

Comme l'élévation de la vigne sur joug exigeait un matériel considérable en paisseaux, perches, roseaux, liens, etc., les anciens agronomes, qui ne négligeaient pas le côté pratique des choses, enseignent à l'agriculteur le moyen de trouver chez soi tous ces objets. Ils conseillent d'établir des pépinières de saules, d'ormes, de peupliers, de châtaigniers, de roseaux, et même de genêts, dont on se servait en guise de liens. Ils donnent les indications pour réussir dans la récolte de ces produits, qui constituent, d'après leur langage original, *la dot du vignoble* (3). Ils enseignent de même à élever ce qu'ils appellent des *séminaires* d'arbres, destinés à servir de support à la vigne *arborée*, dont nous allons dire un mot maintenant.

Il est probable que la difficulté d'élever et d'entretenir les jougs nécessaires au soutien de la vigne fit imaginer la méthode assez peu rationnelle de planter les ceps au pied d'arbres, qui leur serviraient de tuteurs. Je dis cette méthode assez

(1) T. 2, p. 102.

(2) Columelle, *De re rustica*, liv. V, IV.

(3) Columelle, ibid. liv. IV, XXX.

peu rationnelle. On conçoit en effet qu'un terrain déjà occupé par les racines des arbres, n'est pas dans une situation favorable pour nourrir un arbuste, qui aime à s'étendre, et à trouver, pour cela la place libre. Aussi je ne vois guère que la méthode des vignes arborées ait été employée autre part qu'en Italie, où peut-être des conditions spéciales de sol, ou de climat, la faisaient adopter. On assure qu'on trouve encore de ces vignes dans le royaume de Naples. Mais on sait que les Napolitains aiment le travail facile, et il peut se faire que la peine exigée par la construction des jougs ou des échalas, leur ait fait préférer une méthode qui met à peu près tout le travail à la charge de dame nature.

Chez les Grecs, la culture des vignes arborées était tout à fait inconnue. Théophraste condamne expressément la présence des arbres dans les vignobles. On sait que tous les bons agriculteurs sont de cet avis, sauf pour quelques arbres fruitiers clairement semés (1). En Provence, on rencontre en quelques endroits, en Crau et en Camargue par exemple, des vignes élevées sur des arbres. Mais ces vignes sont abandonnées à elles-mêmes et ne produisent que des fruits sans valeur. Ce n'est pas là une culture régulière.

Il en était autrement en Italie. La vigne arborée était cultivée d'une manière méthodique, et soumise à des règles précises.

La première opération pour ce genre de culture avait pour but d'élever convenablement les arbres destinés à recevoir la vigne. Ces arbres, disposés en quinconce plus ou moins espacés, étaient étêtés à la hauteur de 4 mètres 50 à 6 mètres, selon que le terrain était sec ou frais. On les faisait filer sur une seule tige, à laquelle on laissait de 0,75 c. en 0,75 c. environ, des branches latérales dirigées aussi horizontalement que possible. Cela formait trois ou quatre étages de branches, en laissant vide le pied de l'arbre à 2 ou 3 mètres du sol. On appelait ces branches les *tabulata*, ou étages. On avait soin que les branches de ces étages superposés ne fussent pas s ur la

(1) Théophraste, *De causâ plantandi*, liv. 3, ch. 10.

même ligne d'aplomb, mais se coupâssent en forme de croix, afin de laisser plus d'air et d'espace à la vigne.

Ces branches étaient tenues par le vigneron plus ou moins allongées, et garnies d'aussi peu de feuilles que possible. Ainsi préparées, elles formaient comme une charpente, qui devait servir de support à la vigne. Les ceps étaient plantés à une certaine distance du pied de l'arbre. On en mettait ordinairement un grand nombre, jamais moins de trois, quelquefois jusqu'à une vingtaine. Toute cette petite forêt de ceps était dirigée par le vigneron sur l'arbre qui devait lui servir de tuteur. On accommodait les ceps de ça de là sur les *tabulata*, de sorte que l'arbre en était à peu près enveloppé. Il ressemblait ainsi lui-même à une grande vigne, d'autant plus qu'on réduisait autant que possible ses pousses à lui, pour que leur ombre ne nuisit pas trop au vignoble. Ces vignes ainsi arborées formaient ordinairement des cordons plus ou moins espacés. Quelquefois, quand la pousse des ceps était très vigoureuse, on lançait d'un cordon à l'autre des sarments qu'on reliait ensemble. C'était alors une nouvelle forme moins régulière, mais plus originale, du *compluvium* décrit tout à l'heure.

Ce sont là les fameuses vignes si chantées par les poètes anciens et modernes :

> Ergo aut adultâ vitium propagine
> Altas maritat populos. — Horace.
>
> Sur le front mousseux des ormeaux
> La vigne avec grâce s'appuie. — Lamartine.

On voit que la taille de la vigne arborée se décomposait en une double opération : la taille de l'arbre et celle de la vigne elle-même. Ce travail ne manquait ni de difficulté, ni quelquefois de dangers, surtout quand il s'agissait de la vendange de vignes aussi élevées. Dans les grandes exploitations, on y employait des ouvriers mercenaires, les esclaves étant d'ordinaire insuffisants à ces grands travaux. Une condition singulière du marché conclu dans ces circonstances entre le maître du vignoble et les mercenaires, était celle-ci : on stipulait que,si les ouvriers venaient à se tuer en grimpant sur des arbres si hauts, le propriétaire se chargerait des frais de leur bûcher et de leur tombeau. Voilà des gens qui savaient prendre leurs précautions.

L'exposé que nous venons de faire donne une idée suffisante de la disposition et de la taille de la vigne chez les anciens.

Au reste, chez eux comme chez nous, les règles de la taille n'étaient pas absolues, et donnaient lieu à des controverses que nous trouvons reproduites dans les livres de tous les viticulteurs. Ainsi on discutait alors, comme aujourd'hui, sur l'âge où il convient de soumettre la vigne à la taille, sur la saison la plus convenable à cette opération, sur la taille longue et sur la taille courte. Généralement on préférait pour la vigne adulte la taille à long bois, avec un courson taillé court pour remplacement. C'est la méthode mixte Guyot, dont il est si fort question aujourd'hui. On pratiquait la torsion du sarment pour concentrer la sève sur un point. On poussait la précaution jusqu'à donner plus ou moins d'étendue à la taille, selon que la partie amputée était exposée au nord ou au midi, à l'est ou à l'ouest. On peut dire généralement que toutes les méthodes de taille préconisées de nos jours étaient pratiquées par les anciens, dont nous ne faisons que suivre les traces, alors même que nous paraissons innover. Aussi,en lisant leurs livres, on se convainc facilement que les pratiques de la viticulture actuelle, traitées avec dédain ou méfiance par nos vignerons routiniers, sont celles mêmes des anciens agronomes. Ce sont nos pères à nous qui avaient innové, en abandonnant les vieilles méthodes, auxquelles nous sommes ramenés par la force des choses, et le désastre de nos vignobles.

V.

Un mot maintenant de la tenue des vignes chez les anciens. Il y a peu à dire sur ce sujet, attendu l'identité à peu près complète de leurs procédés avec les nôtres.

Leur pratique était de tenir la terre aussi ameublie que possible au pied des ceps. On donnait pour cela aux vignes des cultures fréquentes soit à la houe, soit à la charrue. Trois binages, et quelquefois quatre, étaient prescrits en théorie, mais probablement réduits à un moindre nombre en pratique. En automne les vignes étaient, à des intervalles convenables selon leur âge, déchaussées, purgées des racines superficielles et fumées. L'épamprement, taille subsidiaire en vert, était également pratiqué, avec raccourcissement des ceps trop vigoureux au-dessus du fruit. On connaissait aussi la pratique de rajeunir en entier un vieux vignoble par les divers moyens indiqués par tous les agronomes, tels que l'effrondement latéral, la taille sur le collet, la greffe, etc.

La question de la greffe est traitée spécialement par les auteurs anciens avec une très grande abondance de détails, et une parfaite netteté d'exposition. Je trouve décrite en particulier la greffe *à fleur de terre,* si en usage aujourd'hui, à cause du greffage des ceps français sur la tige américaine (1). Les amateurs de viticulture et de poésie, deux choses qui peuvent très bien aller ensemble, liront avec plaisir et profit les théories des anciens à ce sujet, en particulier le grâcieux petit poème de Palladius sur la greffe, qui forme le livre XIV de son ouvrage *de re rusticâ.*

VI.

Cependant si les anciens agronomes faisaient volontiers de la poésie, ils ne négligeaient pas le côté positif de l'agriculture, autrement dit le revenu à retirer de la terre. Nous voyons par leurs ouvrages qu'ils étaient très forts en économie rurale, et qu'ils s'entendaient parfaitement à retirer d'un domaine, avec le moins de frais possible, tout ce qu'il pouvait produire. Bornons-nous à ce qu'ils nous disent sous ce rapport de la production du vignoble.

Si la vigne était chez eux la culture de prédilection, si, comme le dit Horace, ils ne recommandaient rien tant que de multiplier ce précieux arbuste :

Nullam, Vare, sacrâ vite,
Prius severis arborem ;

Avant tout, mei-z-amis, cavillen de maïoou. — Traduction libre.

(1) Columelle, liv. IV, XYIX.

ce n'était pas seulement par amour pour le bon raisin ou pour la dive bouteille, ni encore pour l'agrément de voir le pampre couvrir leurs côteaux de sa riante verdure, ou, comme disaient les poètes, se marier à l'ormeau célibataire; c'était surtout pour retirer du vignoble un produit très lucratif. Leurs calculs à ce sujet sont curieux à étudier, aujourd'hui surtout que la spéculation se fait plus que jamais viticole.

Columelle, qui paraît avoir été un esprit très juste et très sage, a écrit à ce sujet une théorie dont voici l'analyse. Seulement pour la facilité du lecteur, je ramène à leurs équivalents modernes, ses calculs faits en *sesterces*, *nummi*, *culei*, *amphores*, *jugera*, etc.

Dans son livre 3, *De re rusticâ*, chap. 3, 3, il se récrie contre ceux qui déprécient les vignobles, comme moins productifs que les prés, les pâturages, les bois taillis, les légumes, les céréales, etc..... En cela il ne parle pas, dit-il, d'anciens vignobles d'une fécondité exceptionnelle qui, d'après Caton et Varron, rapportaient, dans divers cantons de l'Italie, jusqu'à 312 hectolitres par hectare : ce qui, à raison de 11 fr. 50 l'hectolitre, faisait plus de 3,800 fr. ; mais il affirme que, de son temps, la contrée de Nomentum produisait par jugerum 8 culei de vin, ce qui revient à 1910 fr. par hectare, tandis que l'hectare en prés, pâturages ou bois, ne produisait que 78 fr.

Puis, laissant de côté ces productions exceptionnelles, dues selon lui à une culture particulièrement soignée et intelligente, il suppose un vignoble pris dans les plus mauvaises conditions de nature et de culture. Sur ces données, il calcule comme suit, en prenant pour base d'opération une terre de sept jugera, ou soit 1 hectare, 75 ares, 35 centiares, le jugerum étant à peu près le quart de l'hectare :

Achat de 7 jugera d'une terre de très-mauvais qualité, à raison de 736 fr. l'hectare..........	1390f 56
Achat d'un vigneron pour la cultiver.......	1590f 38
Ceps et dot de la vigne, c'est-à-dire paisseaux, échalas, liens, façon, etc....................	2874f 94
Total	5765f 88

Intérêts de cette somme demeurant improductive pendant deux ans, au 6 0|0 .... 666f 30

Total de la dépense. 6432f 18

Cette somme placée à intérêt au 6 0|0 rapporterait 385 fr. 92 c. Or, dit Columelle, en ne calculant le rendement des sept jugera plantés en vigne qu'à raison d'un *culeus*, ou soit 58 fr. 44 c. par jugerum, on obtient pour les sept jugera ensemble la somme de 409 fr., qui dépasse le revenu à 6 0|0 de la somme dépensée (1).

Il faut bien observer que ce calcul de la production du vignoble est fait sur le pied du *minimum* le plus infime. Car il est admis, d'après Columelle, que les vignes qui ne rapportent pas par jugerum trois culei de vin, c'est-à-dire 176 fr. 42 c. doivent être impitoyablement arrachées comme improductives. Or, dans le calcul ci-dessus, on n'a accordé cependant à ces vignes qu'un seul culeus par jugerum. En outre, la terre a été supposée de la qualité la plus mauvaise : si donc, dans des conditions si défavorables, le produit du vignoble dépasse l'intérêt au 6 0|0 de la somme dépensée, on peut juger du résultat qu'on serait en droit d'espérer dans des conditions meilleures.

Columelle ajoute de plus que le cultivateur peut se faire un evenu avantageux par le produit des marcottes ou vignes racinées, qu'il peut récolter dans son vignoble dans l'entre-deux des ceps productifs. Ceci me paraît assez aléatoire et dépendre des circonstances locales, où le propriétaire du vignoble peut se trouver placé. Columelle affirme, nous l'avons déjà dit, qu'il se faisait lui-même un produit très-avantageux de ses marcottes. Les paysans du voisinage les lui achetaient avec grand empressement et fort cher. On voit par là que Columelle était un habile viticulteur, qu'il faisait très bien l'article, et qu'il aurait tenu une place très honorable parmi les marchands de sarments de la période américaine contemporaine (2).

(1) Voir tous ces calculs dans Dezobry, *Rome au siècle d'Auguste*, t. 4.

(2) Dezobry, 4, 64.

Quoi qu'il en soit, son calcul est certainement curieux et fait pour remonter le moral de bien des vignerons découragés.

Aprez la théorie, les faits :

Columelle cite celui d'un affranchi nommé Acinius Sténélus, célèbre dans les annales de la viticulture. Il avait acheté, près de Nomentum, une terre de 60 jugera, soit 15 hectares, 3 ares, 10 centiares. Or il revendit cette terre un peu plus tard, aprés l'avoir plantée en vignobles 77,934 fr. 24 c. Si ces 60 jugera avaient été achetés au prix infime dont il est question plus haut, de 736 fr. l'hectare, c'est un boni d'environ 77,006 fr. On pourrait placer plus mal son argent. Mais quand on porterait au triple ou au quadruple le prix d'achat qui n'est pas indiqué, on arriverait encore à un bénéfice très considérable.

Au reste, sous nos yeux même, la vigne nous avait presque accoutumés à des phénomènes semblables. Qui n'a entendu parler de vignobles dont le revenu d'une seule année avait payé le prix d'achat? Il est vrai que le phylloxéra n'avait pas encore paru parmi nous, que nous avions alors plus de vin dans nos caves que d'eau dans nos puits, et que le Pactole semblait couler à côté de l'Arc ou de la Durance.

Mais si tout passe et tout revient sur la terre, pourquoi ce temps ne pourrait-il pas reparaître encore?

Voici un autre fait de production viticole cité par Pline le Naturaliste. Je le rapporte textuellement :

« Le fameux grammairien Rhemnius Palémon, acheta dans
« le même canton de Nomentum un vignoble qu'il paya 600
« mille sesterces (116,901 fr. 36 c.). On sait qu'aux environs
« de la ville, le raisin se vend partout à vil prix. Celui-là pro-
« venant d'une vigne très négligée et située dans un mauvais
« terrain, devait se vendre encore moins qu'un autre. Palé-
« mon, mû simplement par un sentiment de vanité, entreprit
« de le remettre en valeur. Dirigé par Sténélus, il fit remuer
« et fouiller toutes les terres, et, à force de labours, obtint
« des récoltes prodigieuses, en sorte qu'avant la huitième an-
« née, la vendange sur pied fut achetée 400,000 sesterces
« 77,934 fr. 24 c.) On courut en foule pour voir les monceaux

« de raisins entassés dans ses vignes ; et la paresse de ses voi-
« sins attribuait une telle prospérité à ses connaissances pro-
« fondes dans les lettres (1).

VII.

Après avoir parlé des vignes chez les anciens, disons maintenant un mot du fruit qu'ils en retiraient, c'est-à-dire du vin et du raisin.

La vendange a été regardée de tout temps comme l'opération la plus agréable de la vie agricole. Chez tous les peuples elle s'est accomplie au milieu de démonstrations de gaîté et souvent de licence. Les danses, les chants, les festins, les jeux en faisaient essentiellement partie. Les livres saints nous parlent de chants ou cantiques, qui étaient spécialement affectés au temps des vendanges. Tels étaient entr'autres, d'après une interprétation respectable, certains psaumes qui portent pour titre *pro torcularibus*, pour les *pressoirs*, ou pour les *vendanges* (2). Homère nous parle du chant des vendangeurs qui « suivent, dit-il, en dansant en cadence, un enfant dont la lyre « mélodieuse charme leurs travaux (3). » A Rome, les propriétaires de vignobles se faisaient de la vendange une véritable fête ; ils en profitaient pour inviter leurs amis à passer quelques jours dans leur *villæ et à faire vendange* avec eux, selon une expression proverbiale (4).

Comme la religion, au dire de Pline, est *la base de la vie, quoniam religione vita constat*, les païens la faisaient présider aux vendanges comme à la plupart des travaux champêtres. Dans les grandes métairies , un prêtre flamine, escorté de tout son collége pontifical, présidait à l'ouverture des travaux par des sacrifices d'animaux, et des libations de vin. L'idée religieuse peut-elle se manifester d'une manière plus heureuse

(1) Pline, *Hist. nat.*, XIV, 4.
(2) Ps. 8, 30. 83.
(3) Iliade, ch. 18.
(4) Desobry, t. 4, 66.

qu'en face des dons de Dieu, parmi lesquels une vendange abondante tient une si grande place ?

Le raisin recueilli par les vendangeurs était, comme chez nous, déposé dans une cuve de pierre, et foulé aux pieds par les ouvriers. Le vin coulait de là dans de grands bassins en maçonnerie, appelés *fosses* ou *lacs*. La grappe était soumise immédiatement au pressoir, assez ressemblant aux nôtres, sauf les perfectionnements apportés avec le temps à cette machine. Le vin était conservé très-longtemps dans la cuve. Après sa clarification, on le transvasait ordinairement dans de grandes jarres ou cruches en grès, rarement dans des tonneaux de bois, dont l'usage était peu commun. Ces jarres étaient placées à fleur de terre, ou enterrées jusqu'à l'orifice dans le sol. Comme le vernissage était peu pratiqué, on les enduisait à l'intérieur de poix fondue, ce qui, outre l'avantage de calfeutrer les pores du grès, avait celui de communiquer au vin un goût que l'on aimait, et peut-être aussi celui de le conserver.

Ces jarres ou tonneaux en grès étaient souvent de grande dimension. Juvénal croit que le tonneau de Diogène le Cynique était une de ces jarres (1). On les plaçait, soigneusement alignées, le long d'un mur, soit dans des celliers réservés à cet usage, soit dans d'autres parties de la maison. Homère prétend qu'Ulysse les tenait dans sa chambre nuptiale, où l'on ne s'attend guère à les trouver (2). Quand il fallait transporter ce vin on se servait d'outres, rarement de petites barriques en bois, comme chez nous.

Les deux cuves en maçonnerie, celle destinée à la calcation des raisins, et celle préparée pour recevoir le vin, faisant, ainsi que le pressoir, partie essentielle d'un vignoble. A défaut d'autres bâtiments de ferme, une vigne devait posséder au moins ceux-là. Aussi, voyons-nous dans l'évangile que celui qui vient d'acheter une vigne nous est représenté comme y creusant de suite une cuve à recevoir le vin, *lacum* ou *torcular*, et édifiant

(1) D. Calmet, sur Jérémie, ch. 48.
(2) Odyssée. B.

une tour, *turrim*, c'est-à-dire probablement une espèce d'auvent destiné à recevoir le tout (1).

VIII.

Les anciens nous font, dans leurs ouvrages, un grand éloge de leurs vins. Chez les Hébreux, on vantait le vin gras de Chelbon, *vinum pingue* (2), originaire de Damas, et servi exclusivement à la table du roi de Perse. On estimait aussi le vin du *Liban*, renommé par son arôme ; le vin de *Sarepta*, si violent que, d'après Fulgence, les plus forts buveurs auraient eu peine d'en boire en un mois un *sextarius*, équivalent à peu près à une pinte de Paris (3).

Il faut joindre ce vin de Sarepta à celui de *Maronée* auquel, d'après Homère, on mêlait vingt fois autant d'eau (4). Encore un autre auteur dit-il avoir vu mêler quatre-vingt setiers d'eau à un setier de ce vin de Maronée. Quel dommage pour nos marchands de vins que celui-là n'existe plus !

Les Grecs avaient de nombreuses variétés de vins, spécialement ceux de Smyrne, de Chio, de Lesbos et beaucoup d'autres, que nous connaissons surtout par les citations d'auteurs latins. Car c'est à eux qu'il faut recourir pour cette nomenclature.

Pline divise les vins connus de son temps en vins *généreux*, vins *salés*, vins *doux*, et vins *secondaires*. Il place parmi les vins généreux, outre un certain nombre de vins d'outre-mer, cinquante vins de provenance italienne. Il faut citer dans ce nombre ces fameux vins de Falerne, de Cécube, de Sorrente, de Massique, de Calès, de Messine, etc. si souvent chantés par Horace ou par les autres poètes de son époque. Ces vins de-

(1) S. Math. 21, 23. — S. Marc, 12, 1.

(2) Ezechiel, ch. 27, 18.

(3) De Calmet, Dict. art. *Vin*.

(4) Pline, 14, 6.

vaient être pleins de mérite, s'il faut en croire leurs panégyristes. Cependant il pourrait bien se faire qu'il y eut à rabattre sur leur valeur. Déjà du temps de Pline, il semble qu'ils tendaient à dégénérer. Le vin de Sorrente avait une grande réputation ; néanmoins l'empereur Tibère disait : « Le Sorrente « n'est *qu'un puissant vinaigre.* » Caligula, son successeur, l'appelait « *célèbre piquette, nobilem vappam* (1). »

Pline attribue à ces divers vins des propriétés médicales diverses. Mais il a soin de faire entendre que leur réputation vient un peu de la vogue que leur donnent les médecins. Les Romains avaient un vin dit de *Mécène* (2), du nom du célèbre ministre d'Auguste, justement comme nous avons aujourd'hui un vin Laffite. Qui sait si la mode et la politique n'ont pas une part à revendiquer dans l'enthousiasme bachique d'Horace pour les crus d'Italie ?

Je n'ajoute pas que les fameux vignobles chantés par lui, ne donnent depuis des siècles, que des vins détestables. Ce serait là un mauvais argument, car chacun sait que les meilleures vignes peuvent dégénérer par le défaut de culture, par un changement de climat, ou seulement par l'action du temps. Il n'en est pas moins certain qu'il ne reste plus rien, ou à peu près, des célèbres crus dont le produit réjouissait si fort Horace. On sait à peine, et encore par conjecture, les lieux où vécurent ces vignobles fameux. D'autres vins, excellents, médiocres ou mauvais, s'y récoltent aujourd'hui ; mais ce sont des intrus qui n'ont plus rien de commun, pas même le nom, avec les anciennes illustrations du pays.

Après les vins généreux, Pline nous parle des vins *salés*, catégorie singulière, dont nous n'avons pas même l'idée. On les fabriquait en ajoutant au vin, dans des proportions diverses, de l'eau de mer. Cela s'appelait le vin *salé* ou *mariné* ; et il paraît que les anciens en faisaient leurs délices. La recette, comme on voit, n'était pas coûteuse. Elle était due à l'invention d'un esclave qui, dérobant le vin de son maître, rétablissait le

(1) Pline, liv. 14, 8.

(2) Mœcenatianum. Pline, notes p. 308, édit. Panckouke.

tonneau dans son intégrité primitive, en y ajoutant de l'eau de mer (1). Ce mélange ayant été trouvé agréable, on en fit usage.

Viennent ensuite les vins *doux* dont Pline indique dix-huit espèces. On les obtenait soit en se servant de raisins à-demi confits au soleil, soit en additionnant au vin du miel, qui faisait la fonction de notre sucre, soit en y mêlant une certaine quantité de vin cuit.

Pline comprend dans une quatrième classe ce qu'on appelle les *vins secondaires*, les *deuteria* des Grecs. Ce n'était autre chose que de la piquette, faite à peu près comme nous la faisons nous-mêmes. Elle constituait la boisson ordinaire des esclaves. Il est à remarquer que l'on trouve chez les anciens cette piquette particulière, que l'on fait aujourd'hui avec des raisins secs, et qui supplée le vin tant bien que mal, sous le nom de *vin de panse*.

On vient de voir que l'antiquité ne se faisait pas faute d'aider la nature, au moyen de l'art, dans la confection de ses vins. Je crois même que Pline aurait bien fait d'ajouter à sa nomenclature une cinquième classe de vins, qu'il aurait appelés les vins frelatés ou drogués. On ne saurait croire jusqu'où allait à ce sujet l'industrie gréco-romaine. Sans être chimistes, puisque la chimie n'existait pas, les viticulteurs de ces temps reculés étaient certainement les premiers droguistes du monde. Qu'on en juge.

Outre les vins salés et les vins doux, dont la base principale, comme nous venons de le dire, était l'eau de mer et le miel, on faisait un usage très considérable de vins artificiels. Pline en signale 195 espèces, nombre qu'on porterait au double, dit-il, si l'on tenait compte des variétés. Cependant il n'en énumère lui-même que 65. On en trouve beaucoup d'autres décrits par Palladius, avec recettes à l'appui (2).

La plupart de ces vins étaient aromatiques, car les anciens aimaient beaucoup enlever au vin sa saveur naturelle, pour lui

(1) Pline, livre 14, x

(2) Pline, liv. 14. — Palladius, liv. 11.

en substituer une autre de fantaisie. Le mélange de certaines résines, ou plantes plus ou moins parfumées, que l'on faisait infuser dans du vin ordinaire, leur procurait cette satisfaction. Ils obtenaient par ce moyen des vins d'absinthe, de myrthe, d'encens, de myrrhe, de bitume, de cyprès, de genièvre, de fenouil, d'aloès, de rose, de fleur de vigne, etc. etc. sans compter les vins poissés, les vins enfumés, les vins au mélange de poivre et de miel. Toute la boutique des parfumeurs et des droguistes y passait, pour le plus grand charme de leurs gosiers.

D'autrefois, ils confectionnaient leurs vins artificiels avec des fruits de toute sorte : vin de palme, vin de dattes, vin de grenade, de caroube, de mûres, de pommes de pin, de navets, de figues, de millet; toute la nature végétale était mise à contribution.

Pour donner du goût ou de la couleur à ces vins, il n'est pas de substances auxquelles ils n'eussent recours. Nous nous plaignons de la falsification de nos vins. Nos marchands de petit bleu n'étaient rien près des industriels de l'antiquité. Le sel, le soufre, la poudre de marbre, le plâtre, la résine, les noix toxiques, les cendres, le bitume, le fiel, le poivre, la vieille lie des tonneaux, et cent autres drogues entraient dans la composition de leurs vins.

On fabriquait également de l'*hydromel*, mélange fermenté de miel et d'eau de pluie gardée pendant cinq ans (condition rigoureuse de la recette), — de l'*oxymel*, vinaigre mêlé avec le miel, — toutes sortes de bières avec des ferments de grains de tout genre. Ajoutez une espèce de vin d'*Arcadie*, composé de lie chargée de tartre. Ce vin étonnant, conservé dans de grandes bouteilles au coin de la cheminée, se solidifiait complétement. On l'en tirait par morceaux qu'il fallait faire fondre dans l'eau, pour en faire une boisson (1); c'étaient des pastilles à vin, espèce probablement peu connue de nos confiseurs.

Parmi les singularités de l'œnologie antique, il faut encore signaler, avec Pline (2), douze vins dits *vins à prodiges*, *vina*

(1) Pline, liv. XIV, note, p. 321.
(2) Id. XIV, 33.

prodigiosa. Ces vins merveilleux donnent ou enlèvent le sommeil, guérissent de la morsure des serpents, rendent les hommes furieux, procurent ou suppriment la fécondité, s'altèrent dans les celliers et se rétablissent d'eux-mêmes, mentionnons également le fameux vin de myrrhe dont il est si souvent question dans l'antiquité ; il résultait d'une addition faite au vin naturel d'une certaine quantité de myrrhe. La myrrhe était une résine aromatique très amère tirée d'un arbrisseau de l'Orient. Quand cette résine était en petite quantité, elle conservait le vin, et lui communiquait un arôme très estimé. Pline appelle ces vins myrrhés, *lautissima vina, d'excellents vins.* Mais quand la myrrhe était mêlée au vin en plus grande proportion, elle le transformait en un narcotique puissant qui avait, dit-on, la propriété d'endormir la douleur, en en diminuant le sentiment, comme notre chloroforme.

C'est pour cela que chez les Juifs, et peut-être aussi ailleurs, on donnait de ce vin fortement myrrhé aux suppliciés, dans un but d'humanité. C'est ce vin myrrhé, *myrrhatum vinum,* qui fut offert à Notre Seigneur avant son crucifiement, comme le rapporte St Marc (1), vin que St Mathieu appelle *felle mixtum*(2), *mêlé de fiel,* à cause de l'amertume extrême de la myrrhe mise dans le vin en grande quantité. Notre Seigneur ayant goûté de ce vin narcotique, refusa d'en boire afin de ne rien diminuer de ses souffrances, ni troubler en rien la parfaite clarté de son esprit. Il faut distinguer ce vin myrrhé de celui qui fut offert à Jésus en croix, au bout d'une éponge, quand il s'écria, *j'ai soif, sitio.* Cette dernière boisson est appelée par les évangélistes du vinaigre, *acetum.* C'était sans doute celle que buvaient ordinairement les soldats romains et les esclaves, boisson qui était ou du vinaigre étendu d'eau, ou de la mauvaise piquette.

Le vinage des vins est une opération connue, par laquelle on ajoute de l'alcool à un vin faible pour l'améliorer. On trouve mentionné dans les auteurs anciens un procédé tout con-

(1) St Marc, ch. XV, 23.

(2) St Math. ch. XXVII, 34.

traire ; il consistait à enlever au vin une partie de son alcool, *afin de pouvoir en boire impunément une plus grande quantité.* On obtenait ce résultat en passant le liquide à une espèce de filtre ou chausse appelée *saccum*; *quin imo ut plus capiamus*, dit Pline, *sacco frangimus vires (vini)*. Cet usage était bien digne de gens qui se faisaient gloire de passer des journées à boire sans en crever, qui décernaient des prix à l'ivrognerie, et qui plus d'un fois choisirent leurs plus grands magistrats parmi les plus forts buveurs. C'était, il est vrai, le temps de la décadence, et quelle décadence ! Pline, dans un tableau hideusement éloquent qu'il fait de l'ivresse, dit entre autres choses ce trait-ci :

« Ils se jettent sur d'énormes brocs, comme pour montrer « la force de leur estomac, les avalent, vomissent aussitôt et « recommencent à boire jusqu'à deux ou trois fois, comme « s'ils n'étaient au monde que pour perdre du vin, et que « l'homme fut le seul canal par lequel le vin pût s'écou- » ler (1). »

On conçoit, pour de tels estomacs, l'avantage d'un vin désalcoolisé.

Sans doute tout le monde n'avait pas ces goûts pervers. On peut conclure cependant de tout ce qui vient d'être dit que le goût des anciens au sujet des vins différait beaucoup du nôtre. Tous ces vins parfumés à la poix, au miel, à l'eau de mer et de cent autres manières, nous paraîtraient détestables. Au contraire les vins que nous apprécions aujourd'hui, tels que ceux de Provence et de Languedoc analogues à ceux que Pline appelle *vins des Gaules*, car il les mentionne avec dédain, étaient regardés par eux comme sans mérite.

Cela prouve une fois de plus combien les goûts varient avec les siècles, les lieux et les climats. Ne dit-on pas des Chinois qu'ils garnissent leur salade avec de l'huile de ricin, et qu'ils regardent comme un plat exquis les cloportes en sauce blanche ?

Quant aux Romains, on ne doit pas s'étonner de les voir

(1) Pline, liv. XIV, 28.

déguster les vins poissés et frelatés, quand on voit qu'ils servaient par prédilection sur leurs tables des ânons rôtis, des salades d'aunée, de roquette, de mauve, des confitures de graines de pavots, et cent autres mets que nous regarderions comme très peu ragoûtants, pour ne pas dire davantage.

A la décharge de l'œnologie antique, que nous avons peut-être un peu maltraitée (Bacchus et Horace nous le pardonnent!) n'oublions pas de mentionner un vin dont je ne retrouve pas le nom, mais qui se faisait avec des raisins à-demi desséchés. A cet effet on tordait les grappes sur les ceps, et on les laissait ainsi mûrir longtemps au soleil, ou bien on les exposait sur des claies. C'est le procédé désigné par les auteurs modernes comme *vin de paille.* Ce vin devait être excellent, si toutefois on n'y mêlait pas de plantes aromatiques, et si on ne les passait pas à la chausse.

Disons encore que les mœurs romaines auxquelles nous avons emprunté quelque traits, étaient celles de la décadence. Dans les premiers temps de Rome, le vin était très rare, si rare que Romulus avait ordonné de faire les libations aux dieux avec du lait, en place de vin (1). A cette époque, peut-être pour le même motif, sinon pour d'autres, il était rigoureusement défendu aux femmes de boire du vin. Egnatius Mecenius tua sa femme à coups de bâton, pour avoir bu du vin au tonneau, et fut absous de ce meurtre par Romulus. Une autre dame Romaine, ayant ouvert le sac où étaient renfermées les clefs de la cave, ses parents la firent mourir de faim. Pline cite plusieurs autres faits de ce genre qui montrent à la fois la rareté du vin et l'atrocité des mœurs païennes à cette époque.

IX.

La manière dont les anciens traitaient leurs raisins était plus rationnelle et plus pratique que celle dont ils usaient au sujet de leurs vins.

(1) Pline, liv. XIV, 9.

Les uns suspendaient les grappes au plafond d'un appartement, comme on le fait partout, quelquefois en enduisant préalablement de poix fondue la queue de la grappe. D'autres empilaient ces grappes soigneusement séchées dans du son, ou de la sciure de bois, dont il les couvraient couche par couche, dans une jarre. Quelquefois on remplissait de vin cuit le fond d'un tonneau de grès, puis on suspendait les grappes sur des baguettes mises en travers du tonneau, qu'on fermait ensuite hermétiquement. Le raisin prenait ainsi assure-t-on l'arôme de la liqueur.

Plus souvent on plaçait les grappes, avec ou sans paille, dans des plats de terre cuite faits exprès. On couvrait avec un autre plat pareil, et on lutait avec de la terre grasse ou du plâtre. Certains propriétaires suspendaient aux vignes mêmes ces plats faits de grès ou de verre. Ils y enfermaient les grappes sans les détacher de la souche, et les conservaient ainsi indéfiniment. C'était le rudiment de la méthode actuelle des sacs de toile imperméable. Seulement quand la treille avait à soutenir beaucoup de raisins aussi lourdement emmagasinés, elle avait besoin d'être solide, et surtout d'être à l'abri du mistral.

Je ne trouve pas chez les anciens la méthode si commode et si sûre de placer les raisins sur des claies aérées pardessous, en les recouvrant d'une couche épaisse de pampres de vigne (1).

X.

Finissons cet aperçu un peu bariolé sur la culture de la vigne ancienne, en recueillant çà et là quelques notions qui n'ont pas trouvé place dans les pages précédentes, ou quelques particularités singulières.

Pline prétend que la vigne est indigène de l'Italie, et il veut que l'invasion des Gaulois dans la péninsule ait eu pour motif

(1) On voit tous les jours par ce procédé des raisins se conserver paraitement intacts jusques à Pâques, et au-delà.

le désir d'en posséder les vignobles. Mais il se trompe évidemment, au moins sur le premier point. D'après les savants les plus autorisés, la vraie patrie de la vigne est l'Orient, surtout les contrées voisines de la mer Caspienne et de la mer Noire. C'est l'opinion d'André Michaux, d'Olivier, de Pallas et autres savants, qui ont retrouvé dans ces pays la vigne à l'état sauvage. Cette indication est pleinement confirmée par les données bibliques, qui nous montrent la vigne existant avant Noé, précisément dans les contrées habitées par l'humanité dans les temps antédiluviens.

Chez nous, la vigne fut apportée, plusieurs siècles avant notre ère, par la colonie phocéenne de Marseille, elle se propagea de proche en proche dans tout le midi de la Gaule, et jusqu'à Autun. Mais, par une politique fausse et égoïste, les Romains défendirent aux nations transalpines la culture de la vigne et firent arracher les vignobles plantés dans les Gaules. Ils ne furent rétablis dans ce pays que sur la fin du IIIe siècle, par ordre de l'empereur Probus, qui fit cesser cet ostracisme absurde. C'est l'époque où la culture de la vigne prit chez nous le plus grand développement (1).

Les Romains étaient donc, comme on le voit, très jaloux de la culture de ce précieux arbuste. Aussi leur législation la protégeait-elle beaucoup. Une loi des Douze-Tables défend de reprendre dans une vigne un morceau de bois volé qui s'y trouve employé, et quiconque coupe un cep est condamné à des dommages-intérêts, et de plus, puni comme voleur (2).

Parmi les singularités signalées par les anciens au sujet de la vigne, je remarque : 1° une vigne produisant trois récoltes par an. D'après Bochart (3) elle était connue des Hébreux. On la taillait trois fois, en mars, en avril et en mai, et elle produisait son fruit en août, septembre et octobre. Pline parle également de cette vigne qu'il appelle *trifera*, et aussi *insana*

(1) Pline, *Hist. nat.*, notes du liv. XIV.

(2) Dezobry, T. IV, 38.

(3) Migne, Cours complet d'Ecrit. sainte. t. 3, p. 583.

(insensée), parceque, dit-il, on la voit à la fois bourgeonner, fleurir et mûrir son fruit. C'est justement l'histoire de l'oranger ; et je ne vois pas trop pourquoi cette vigne extraordinaire mériterait le surnom flétrissant d'insensée. Il me semble, au contraire, qu'il faudrait l'appeler la *vigne merveilleuse.*

Au reste il paraît que cette histoire n'est pas tout-à-fait un mythe, s'il est vrai, comme le veut un commentateur anglais de Virgile, qu'il existait de son temps près d'Ischia, une vigne donnant du raisin trois fois l'an, et appelée par cette raison *uva di tre volte l'anno* (1). Pourquoi ne proposerait-on pas un prix à celui qui retrouverait un arbuste si précieux?

2° Les auteurs anciens s'amusent à indiquer certaines opérations bizarres à pratiquer sur la vigne.

Voulez-vous obtenir plusieurs qualités de raisins sur la même grappe ? Prenez quatre ou cinq crossettes de divers plants, liez-les fortement et également ensemble dans l'endroit le plus vert et le mieux nourri, passez-les dans un os ou dans un tuyau de terre cuite ; et plantez-les ainsi, de manière que toutes ces crossettes se soudent ensemble par l'effet de la végétation ; au bout de quelque temps brisez le tuyau. Le cep unique qui résultera de l'union de tous les autres, produira des grappes formées de grains et de qualités aussi variées qu'il y avait de crossettes jointes ensemble (2). Vous aurez ainsi la variété dans l'unité.

Autre recette. Prenez un cep de vigne ; fendez-le par le milieu, ôtez-en la moëlle, rapprochez les deux parties, liez-les exactement, en respectant les bourgeons, plantez et arrosez. Le raisin qui viendra de là sera *sans pépin* ; ainsi affirmé par Columelle et Pline (3).

3° Au reste, en fait de recettes singulières, quelquefois burlesques, les anciens agronomes ne s'en font pas faute, car ils étaient, comme force gens de temps plus modernes, un peu maniaques, et avec tout le vieux paganisme, superstitieux au dernier point.

(1) Les Georgiques traduites par Delille, notes p. 131.

(2) Dezobry, 4, 59.

(3) Columelle, *De arb.*, liv. 9. — Pline, liv. XVII, 21.

Voici quelques spécimens.

Ne plantez jamais la vigne dans le voisinage des cyprès ou des choux, car elle a une *antipathie* prononcée pour l'un et pour l'autre.

Voulez-vous empêcher que vos raisins soient mangés par les oiseaux ou par les rats? rien de plus simple. Ayez soin de tailler votre vigne de nuit, par une pleine lune, quand elle sera dans le signe du Lion, du Scorpion, du Sagittaire, ou du Taureau. Mais surtout, après vous être servi de la serpette, frottez-la immédiatement avec du sang d'ours, et essuyez-la, si vous le pouvez, avec une peau de castor, le remède est infaillible (1).

Un rat ou un autre animal aussi peu appétissant est-il tombé dans votre vin : ne vous effrayez pas. Prenez l'animal tel qu'il est, *faisandé ou non*, brûles-le, jetez-en la cendre refroidie dans le vin ; il n'en sera que plus parfumé.

Gardez-vous surtout d'offrir aux dieux, en libation, du vin provenant de vignes non taillées, ou frappées de la foudre, ou près desquelles un homme aura été pendu. Ce serait une espèce de sacrilège.

Les recettes curieuses en tout genre abondent. Il y en a pour tous les goûts et tous les besoins de l'agriculture, de la viticulture, du ménage, de la basse-cour, de la cave, etc. Il y en a de bonnes et de mauvaises, de sérieuses et de ridicules. Je conseille aux journaux ou aux almanachs à court de copie, d'aller se fournir là-dedans. Voir surtout sur cet article fécond, Palladius, liv. 1, 35.

J'extrais encore de cet arsenal magique un ou deux conseils relatifs à la vigne.

Pour la préserver de la grêle, on a le choix entre ces divers procédés :

— Envelopper une meule (ou moëllon) dans un morceau d'étoffe de couleur rose ;

— Lever contre le ciel d'une façon menaçante des haches ensanglantées ;

(1) Columelle, *De arb.*, xv.

— Attacher un hibou, les ailes étendues ;

— Frotter de suif d'ours les instruments de culture.

Pour préserver les vignes des insectes, il n'y a qu'à frotter avec de l'ail broyé les serpettes servant à la taille. Avis aux chercheurs de remède contre le phylloxera.

Qu'un nuage chargé de tempête vienne à menacer votre vignoble : vite, présentez à la nuée désastreuse un miroir dans lequel elle puisse se réfléchir. L'orage se dissipera aussitôt, « soit, dit sérieusement Palladius, *que le nuage se déplaise à* « *voir réfléchir sa figure, soit qu'il pousse plus loin, voyant* « *la place occupée par son double* (1). »

N'oublions pas que le côté puéril de toutes ces recettes, n'est qu'un incident dans les ouvrages des agronomes anciens. Ces auteurs sacrifient aux superstitions et au goût de leur siècle, parce qu'ils sont de leur siècle. Mais cela n'empêche pas, comme nous l'avons dit en commençant, que leurs ouvrages ne soient excellents, remplis de très bons préceptes, et très instructif, même au point de vue de notre agriculture actuelle.

Aussi, comme conclusion de ce petit travail, je me permets de recommander la lecture des anciens agronomes à ceux qui aiment, à leurs moments de loisirs, s'occuper à la fois de littérature et d'agronomie. Ces hommes ne sont pas très nombreux, disons-le, car le *Beatus ille* d'Horace, comme le *O fortunati nimium* de Virgile, sont généralement plus appréciés en théorie qu'en pratique. L'étude des agronomes anciens peut être à la fois agréable et utile. L'habile professeur qui dirige l'établissement d'agriculture, fondé au nom de l'arrondissement d'Aix, à l'occasion des vignes phylloxérées, m'a dit avoir trouvé d'excellentes choses dans ces vieux auteurs, notamment au sujet des greffes qu'il enseigne lui-même aux amateurs avec autant de politesse que de talent (2).

En thèse générale, on peut regretter que l'étude de l'agriculture, dont celle de l'agronomie ancienne n'est qu'une bran-

(1) Palladius, loco citato.

(2) L'honorable M. Faudrin, dont les idées sur la greffe, la taille et la reconstitution de nos vignobles sont pleines d'intérêt.

che, soit malheureusement délaissée par trop de personnes qui pourraient en retirer les plus grands services. Combien de propriétaires de biens ruraux, ignorent les premiers éléments de l'art de conduire leurs terres, et s'en rapportent aveuglément pour cela à leurs fermiers ! Ceux-ci exploitent trop souvent l'ignorance de leur maître à leur profit personnel, et se moquent de lui par derrière. Ne pourrait-on pas, sans être paysan soi-même, se tenir, comme bien des propriétaires intelligents, au courant des choses de l'agriculture ? on déblatère tous les jours contre la routine des cultivateurs. Ne vaudrait-il pas mieux se mettre en état d'apprécier les bonne méthodes et de corriger les mauvaises ?

A un autre point de vue, est-ce que le propriétaire bien avisé, qui sait assez d'agriculture pour n'être pas à la remorque de son fermier,ne trouvera pas, dans la surveillance active de son domaine, une influence précieuse à toutes sortes de points de vue ?

Qu'on nous permette à cette occasion d'exprimer le vœu que le clergé des campagnes, qui passe sa vie au milieu des agriculteurs, ne se tienne pas lui aussi tout-à-fait en dehors des connaissances agricoles. Admise comme distraction utile au milieu de travaux plus sérieux, l'étude de l'agriculture lui procurerait l'occasion de faire de l'exercice, chose toujours salutaire à la santé. Mais un résultat plus réel serait de lui assurer, au milieu de la population agricole qui l'entoure, une influence de plus en plus nécessaire à son ministère. L'instituteur, placé aujourd'hui plus que jamais en face du curé, arrive à son poste muni d'un bagage respectable de connaissances agricoles. Rien de mieux, car on a compris que vivant parmi les populations des campagnes, il peut par ce moyen se rendre utile, et se ménager dans la commune une part d'influence. Pourquoi le curé de la paroisse ne pourrait-il pas, s'il ne le fait déjà, s'inspirer des mêmes idées?

Je conclus que nous ferons bien de ne pas délaisser les études agricoles, et de revenir même quelquefois aux agronomes anciens, dont les ouvrages dorment souvent dans nos bibliothèques d'un sommeil trop peu troublé.

Ce sera ma première conclusion.

Ma seconde sera le vœu que le gouvernement veuille et puisse faire, pour notre viticulture en particulier, et pour l'agriculture en général, plus qu'il n'a été fait jusqu'ici.

La législation romaine, nous l'avons dit tout à l'heure, favorisait largement la culture de la vigne. Les Hébreux, dont l'admirable législation rurale est généralement peu connue, dispensaient, pour cinq ans, du service militaire et d'autres charges communes, ceux qui plantaient en vignes ou en arbres producteurs une certaine étendue de terre : disposition digne d'être étudiée et imitée.

Pourquoi ne pourrait-on pas faire chez nous quelque chose de semblable ?

Sans doute les médailles, prix ou diplômes, donnés par les congrès agricoles ou autres institutions de ce genre, sont quelque chose. Mais à quoi se réduisent en pratique les résultats ?

Certains agriculteurs privilégiés cultivent, dans des conditions exceptionnellement favorables, quelques hectares de terre, ou engraissent, jusqu'à des proportions formidables, des bœufs, des porcs, des lapins ou des poules, de races plus ou moins exotiques. Ils sont pour cela médaillés et signalés à l'admiration de leurs voisins. C'est quelque chose pour la gloriole personnelle ; mais ce quelque chose se réduit à bien peu pour l'intérêt général.

Je suppose au contraire que des primes importantes, des diminutions d'impôts ou même des allégements dans le service militaire, fussent largement accordés à ceux qui rendraient fertiles, par des plantations, sur des espaces déterminés, des terres improductives : quel élan une législation de ce genre ne donnerait-elle pas à l'agriculture !

Nos paysans sont pleins de bonne volonté, mais ils n'ont pas les moyens de faire les dépenses nécessitées par les plantations, ou le temps d'en attendre patiemment les produits. Ils vont donc au plus pressé, ils plantent à la hâte les terres faciles, ou se bornent à la culture des céréales, des légumes, des prairies. Quant aux terres de coteaux, légères ou en friche, celles qui, pour donner des produits durables devraient être plantées en vignes ou en arbres, n'ayant pas les moyens d'y faire ces plantations dans de bonnes conditions, ils les défrichent à la hâte, en tirent quelques récoltes précipitées, et les abandonnent ensuite à leur malheureux sort. Bientôt les eaux s'emparent de ces terres imprudemment effritées, les ravinent en tout sens et les rendent improductives pour jamais. De là, la dévastation toujours croissante de nos territoires.

Ne serait-il pas temps d'apporter des remèdes efficaces à de si grands maux ? Au moment surtout où les grandes villes regorgent d'ouvriers sans travail, tandis que nos campagnes desolées par le phylloxera se dénudent de plus en plus, quelle politique serait plus sage, plus utile et plus patriotique, que celle qui rendrait à la terre les bras dont elle manque, par des encouragements largement accordés à l'agriculture !

Faisons des vœux pour qu'il en soit ainsi. Aucun argent ne serait mieux employé pour le présent, et plus productif pour l'avenir.

www.ingramcontent.com/pod-product-compliance
Lightning Source LLC
LaVergne TN
LVHW050453160826
845677LV00003B/769